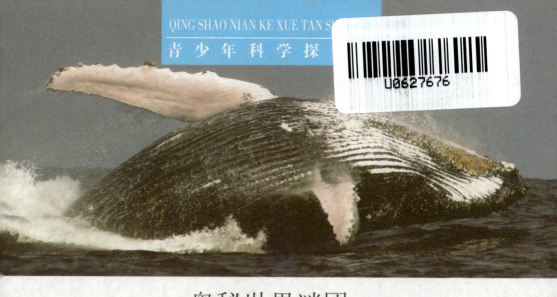

QING SHAO NIAN KE XUE TAN SHI

青少年科学探索

奥秘世界谜团

李 勇 编著　丛书主编 郭艳红

怪兽：考查怪兽的出没

汕头大学出版社

图书在版编目（CIP）数据

怪兽 ：考查怪兽的出没 / 李勇编著. -- 汕头 ：汕
头大学出版社，2015.3（2020.1重印）
（青少年科学探索营 / 郭艳红主编）
ISBN 978-7-5658-1645-1

Ⅰ．①怪… Ⅱ．①李… Ⅲ．①古生物学－青少年读物
Ⅳ．①Q91-49

中国版本图书馆CIP数据核字(2015)第026339号

怪兽：考查怪兽的出没　　　GUAISHOU：KAOCHA GUAISHOU DE CHUMO

编　　著：李　勇
丛书主编：郭艳红
责任编辑：邹　峰
封面设计：大华文苑
责任技编：黄东生
出版发行：汕头大学出版社
　　　　　广东省汕头市大学路243号汕头大学校园内　邮政编码：515063
电　　话：0754-82904613
印　　刷：三河市燕春印务有限公司
开　　本：700mm×1000mm　1/16
印　　张：7
字　　数：50千字
版　　次：2015年3月第1版
印　　次：2020年1月第2次印刷
定　　价：29.80元
ISBN 978-7-5658-1645-1

前言

　　科学探索是认识世界的天梯，具有巨大的前进力量。随着科学的萌芽，迎来了人类文明的曙光。随着科学技术的发展，推动了人类社会的进步。随着知识的积累，人类利用自然、改造自然的的能力越来越强，科学越来越广泛而深入地渗透到人们的工作、生产、生活和思维等方面，科学技术成为人类文明程度的主要标志，科学的光芒照耀着我们前进的方向。

　　因此，我们只有通过科学探索，在未知的及已知的领域重新发现，才能创造崭新的天地，才能不断推进人类文明向前发展，才能从必然王国走向自由王国。

　　但是，我们生存世界的奥秘，几乎是无穷无尽，从太空到地球，从宇宙到海洋，真是无奇不有，怪事迭起，奥妙无穷，神秘莫测，许许多多的难解之谜简直不可思议，使我们对自己的生命现象和生存环境捉摸不透。破解这些谜团，有助于我们人类社会向更高层次不断迈进。

　　其实，宇宙世界的丰富多彩与无限魅力就在于那许许多多的难解之谜，使我们不得不密切关注和发出疑问。我们总是不断地去认识它、探索它。虽然今天科学技术的发展日新月异，达到了很高程度，但对于那些奥秘还是难以圆满解答。尽管经过古今中外许许多多科学先驱不断奋斗，一个个奥秘被不断解开，推进了科学技术大发展，但随之又发现了许多新的奥秘，又不得不向新问题发起挑战。

宇宙世界是无限的，科学探索也是无限的，我们只有不断拓展更加广阔的生存空间，破解更多的奥秘现象，才能使之造福于我们人类，我们人类社会才能不断获得发展。

为了普及科学知识，激励广大青少年认识和探索宇宙世界的无穷奥妙，根据中外最新研究成果，编辑了这套《青少年科学探索营》，主要包括基础科学、奥秘世界、未解之谜、神奇探索、科学发现等内容，具有很强系统性、科学性、可读性和新奇性。

本套作品知识全面、内容精炼、图文并茂，形象生动，能够培养我们的科学兴趣和爱好，达到普及科学知识的目的，具有很强的可读性、启发性和知识性，是我们广大青少年读者了解科技、增长知识、开阔视野、提高素质、激发探索和启迪智慧的良好科普读物。

目 录

尼斯湖水怪

水怪目击事件

尼斯湖在英国苏格兰北部，迤逦的格兰特山脉从西南向东北绵延，层峦叠嶂，气势磅礴，主峰尼维斯山海拔1343米，是英伦三岛上的最高峰。从尼维斯山向东北到茵沃内斯市附近延伸着名驰寰宇的苏格兰大峡谷，谷中有一连串细长而深的湖，从西向东依次是：尼斯湖、洛奇湖和奥斯湖。

三个湖中以尼斯湖最大最深，它深约293米，长约39千米，平均宽度为1.6千米，最宽处约2.8千米。尼斯湖是淡水湖，终年不冻，适于生物饮用，因此，湖中鱼虾众多，水鸟翔集。优越的自

然环境为怪兽的生存提供了有利条件，大名鼎鼎的尼斯湖水怪就出现在这里，还有洛奇湖水怪、奥斯湖水怪，实际上三者是同一个谜。

1802年，有一个农民在尼斯湖边劳动，突然看见湖中有一只形状很奇特的巨大怪兽出现，距离他只有45米左右。怪兽用短而粗的鳍脚划着水，气势汹汹地向他猛游过来，吓得他慌忙逃跑。

1880年初秋，一艘游艇正在湖上行驶，突然从湖底冲出一只巨大的怪兽，它全身黑色，脑袋呈三角形，脖子细长，在湖中像一条巨龙似地昂首掀浪前进，使湖面上卷起一阵巨浪，湖中的游艇也被击沉，艇上游客无一幸免于难。这一消息轰动了当时的整个英国。

同年，潜水员邓肯·莫卡唐拉为了检查一艘失事船只的残骸而潜入尼斯湖底。他潜入湖底后不久，急忙狂乱地发出信号。人们迅速把他从湖底拖上岸来。他脸色发白，全身颤抖。医治了几天，平静下来之后，他才把他在湖底看到的奇迹讲述出来，正当他检查沉船的残骸时，突然看到湖底的一块岩石上躲着一只怪兽，远远望去就好像一只巨大无比的青蛙坐在那里，形状十分的可怕。

英国有一个名叫歌尔德的海军少校对此感到十分好奇，他访问调查过50个曾经亲眼见到过怪兽的人，将得到的各种材料加以综合研究和推测后，描述出了一个关于怪兽的比较系统的大概模样。怪物呈灰黑色，背上有两三个驼峰，身长约15米，颈长约1.2米。然而,他的推测并没有科学根据，只是一种假设。目前，仍然没人弄清楚它到底是一种什么样的动物。

英国及欧美许多国家陆续出版了一些书籍，专门介绍尼斯湖怪兽。有的印有怪兽模糊不清的彩色照片，有的附有怪物的插图。世界各地的媒体大肆渲染，把怪兽描绘得神出鬼没，奇异莫

测，活灵活现，耸人听闻。但是不久之后，就再也没人见过所谓的怪兽了，相关的讨论也逐渐平息下来。

然而到了1933年，尼斯湖岸上的一些修路工人宣称看到了这个怪兽，约翰·麦凯夫妇和兽医学者格兰特也宣称见到了这个怪兽。格兰特后来说，有一次他在经过尼斯湖边时，湖水突然翻腾，"哗哗"作响，然后他看见一只与别人所描述的非常相似的怪兽在湖面上游着。这只怪兽有很大的背脊，还有一个细长的脖子，既像个恐龙，又像一头大象，粗糙的皮肤上布满了皱纹。

英国曾专门组成了"尼斯湖现象调查协会"，悬赏100万英镑，不管怪兽是死的还是活的，只要将其抓获，都可以得到奖赏。很多人纷纷跑到尼斯湖畔，怀着碰运气的心情日夜巡视，希望能幸运地捉住怪兽。

可是怪兽却长时间地销声匿迹，像有意戏弄人似的，消失得无影无踪，再也不露出湖面了。

那些原本希望获得100万英镑巨赏的人，不仅没有将怪兽抓获，甚至连怪兽的影子也未见过，只得失望地离开尼斯湖。

专家的研究

1972年，以美国应用科学院专家赖恩斯为首的一个研究组，曾利用水下照相机，在对尼斯湖进行探险时，拍下了一个鳍脚，非常巨大。

1975年6月19日，研究组设置在尼斯湖的水下照相机拍下了几百张照片，但照片上什么也没有。一天，水下照相机附近出现了一个动物，但很快就消失了。由于照片中只出现了动物的极小一部分，人们无法看清楚它是什么。大约一个小时后，这个动物

又出现了，可能由于闪光灯无法同步，照片上拍摄到的，只是一大片有黄色斑点的丑陋皮肤，同样无法弄清楚这个动物的种类。

第二天凌晨4时32分，终于抢拍了一个珍贵的镜头，一只活怪兽的轮廓出现在这张照片上：一个菱状躯体，一个细长的脖子成拱形地伸展着，脖子的一部分因阴影而模糊不清，最后是一个斑点。躯体上端伸出两个鳍脚，看上去似乎是一只怪兽吃惊地扑向照相机。

据估计，这只怪兽大约长6.5米。不久，怪兽向水下照相机发起了一系列的攻击和碰撞，结果把水下照相机打翻了。有些学者根据这张水下照片来证明尼斯湖里确实存在着怪兽。

但也有一些科学家认为赖恩斯等人错误地判断了照片，因而否定这些照片。有些学者甚至认为所谓水下照片是赖恩斯等人制造出来的一个骗局。

众多学者的猜测

长期以来,有不少学者对尼斯湖怪兽之谜持怀疑甚至完全否定

的态度。他们认为，尼斯湖根本就没有什么怪兽，只是一种光的折射现象造成人们视觉上的错觉。有的则认为，很有可能是尼斯湖底的一些具有浮力的浆沫石，在一定条件下浮上水面，随波漂荡。由于视觉的错误，当人们站在湖岸边从远处望去，奇形怪状的浆沫石就往往被误认为是怪兽。英国《新科学家》杂志1982年8月5日发表了罗伯特·克雷格撰写的《揭开尼斯湖怪物之谜》一文，他认为根本不存在神秘的史前动物，只是漂浮在湖面上的古赤松树干。这种树干的形体以及它上下沉浮的现象，就使站在湖岸边的人们远远望去把它误认为是怪兽。其实，一浮一沉的古赤松树干就是人们所谓的怪兽。但是，全世界许多著名的科学家仍坚信有一种至今尚未被人们查明的怪兽在尼斯湖中存在着。

他们认为，几亿年前，由于地壳运动频繁，尼斯湖一带从一片浩瀚的苍茫海洋，经历了多次海陆变迁，逐渐演变成今天的面貌。因此，很可能有一种独特的尚未被人类认识的海栖爬虫类远

古动物至今仍然生活在尼斯湖里。

虽然各界人士为了弄清尼斯湖怪兽的真面目做了各种各样的努力，但是到目前为止，还没有一个人给出的答案能令大家满意。到底尼斯湖中有没有怪兽？如果有的话，它是一种什么样的生物？一切尚无准确而可信的结论。

延 伸 阅 读

尼斯湖水怪再度现身：2007年，英国约克郡一名55岁的实验室技师表示，他看到一个全身乌黑，长达约13米的东西在水中迅速地游动，速度达到了每小时10000米左右。有关人士认为，他看到的有可能是尼斯湖水怪。

欧肯纳根水怪

惊现水怪

欧肯纳根水怪是传说中居住在欧肯纳根湖的生物。欧肯纳根湖位于加拿大的哥伦比亚省欧肯纳根的核心地带。欧肯纳根湖约150千米长，1.6千米深，附近水域是欧肯纳根水怪经常出没的地区。

　　1872年，一位名叫约翰·阿里森的女士目击欧肯纳根水怪出现，根据她描述，水怪体长有60米至150米左右，头部像马，身躯像蛇。有关欧肯纳根水怪的最有力的证明是在1926年，据说一条船遇到了水怪，当时船上的30人都表示亲眼看到了水怪的脊梁。

　　1989年，加拿大哥伦比亚省古生物研究俱乐部曾两度远赴欧肯纳根湖，寻找水怪的踪迹，并幸运地目睹水怪的出现。据描述，水怪长90米至100米，露出水面部分有好几个拱状背脊，皮肤如鲸鱼皮。

湖怪的传说

　　加拿大有关水怪的传说比任何国家的都要多，在哥伦比亚省欧肯纳根湖冰冷的深水中有十多只水怪。在印第安的传说中，欧肯纳根水怪曾击翻了一艘船，当地人信奉水怪为神灵，并送上了5个祭品。虽然印第安传说和现代水怪的故事都没有足够的证据进行证实，但仍有许多目击者陆续报道，声称在湖中发现体形庞大的水怪。

欧肯纳根专家称，欧肯纳根水怪存在的证据要比尼斯湖水怪多，如果在欧肯纳根湖畔度假最好带着照相机。

有科学家称，欧肯纳根水怪可能就是类似海鳝之类的生物，

也有可能是恐龙时代的残留物种，现在已经进化出了水下呼吸的器官了。欧肯纳根水怪难以想象的巨大可以和海洋中最大的蓝鲸相媲美。

延 伸 阅 读

根据人们对欧肯纳根水怪的描述可知，其形象跟中国古代神话当中的神龙如出一辙。照这样的说法，龙这种动物很有可能在史前就已经存在了。其实玛雅的羽蛇神、西方的水系巨龙以及多种神话中的动物也有类似的地方。

美国尚普兰湖怪

湖怪疑踪

　　"尚普兰湖怪"是美国版尼斯湖怪。多年来，一直有人声称曾看到过湖怪出现，结果造就了一个旅游景点，但当局从未找到湖怪存在的证据。

　　尚普兰湖是北美洲淡水湖，位于美国纽约州、佛蒙特州和加拿大魁北克省之间，主要位于美国境内，但有一部分跨越了美国

与加拿大的边界。

尚普兰湖长近200千米，宽20多千米，面积约4000平方千米，最大深度达122米，位于佛蒙特州的绿山山脉与纽约州的阿第伦达克山脉之间的尚普兰河谷中，往北经由里舍卢河，在蒙特利尔附近注入圣劳伦斯河。通过尚普兰博格运河与哈得孙河相连，借黎塞留河北流与圣劳伦斯河相通。

就在英国古生物学家称苏格兰"尼斯湖怪"是马戏团大象而引起英国上下争论不休之际，美国两位渔民宣称他们发现了有"北美尼斯湖怪"之称的"尚普兰湖怪"。

2005年8月，据美国一家地方媒体在报道中称，有一种"看起来似乎是类似短吻鳄的动物的头浮出水面"。还指出，尚普兰湖怪传说最早可能源自1609年，当时，法国探险家塞缪尔·德·尚普兰描述了一种美洲原住居民称之为的湖中怪物。

他说这种生物足足有3米长，他本人曾亲眼看到一些约1.5米长、有大腿粗的动物。

尚普兰指出，这种动物类似北美狗鱼，只不过它的口鼻部超长，牙齿更尖利，这是类似短吻鳄的特征。尚普兰的描述似乎与渔民看到的怪物特征相吻合，这种吻合其实是传达了这样一种信息：尚普兰几乎肯定是在描述长鼻雀鳝。长鼻雀鳝是硬鳞鱼亚纲的一种，硬鳞鱼亚纲还包括鲟鱼和其他鱼类。

尚普兰湖怪如同变色龙，皮肤能变成黑色、灰色、褐色、绿色、红铜色等，长度在3米至57米之间，背上有多个类似驼峰的隆起或盘卷，头上长着角和鬃毛，眼睛闪闪发光，其颚同短吻鳄的几乎一样。

科学推论

　　科学家认为，尚普兰湖根本就没有湖怪，人们看到的只是鲟鱼等一些体形庞大的鱼类或其他海洋动物。比如，游泳时一字排开的水獭从远处看上去就如同一个蜿蜒行进的怪物，不时泛起水波。另外，科学家还认为所谓的湖怪还可能只是浮木、长颈鸟或者其他物体。尽管许多人认为尚普兰湖可能隐藏着恐龙时期的怪物，但这种可能性微乎其微，因为这条湖的形成历史只有10000年左右。此外，单个生物不可能活好几个世纪，也不能靠自己的力量繁殖后代，所以湖中就必须有这一物种的繁殖种群，只有这样才能生存下去。即使湖中深处有蛇颈龙、械齿鲸或其他海中怪兽，但随着时间流逝，人们肯定会在海滩上看到它们的尸骸或其他确信其存在的线索，可事实上一直没有。

事件后续

尽管科学家的解释十分详尽，但事件目击者仍坚持称他们确实看到了怪物。根据渔民的描述，怪物几乎有他大腿粗，不过另一位目睹怪物的渔民承认他们两人都未看到所谓怪物的整个身躯，只是估计约有3米至4.5米。

还有一部分人对于他们的说法仍表质疑，虽然他们的说法无法得到完全证实，但他们对湖怪的描述又为湖怪之谜增添了新的神秘色彩。

美国著名的"超常现象"调查专家曾前往尚普兰湖进行过考

察，期间他对一位渔民进行了采访，该渔民宣称他看到一位朋友钓上了一条长鼻雀鳝，并坚持称怪物约有两米长。渔民称这条长鼻雀鳝是真正的"尚普兰湖怪"。

延 伸 阅 读

　　雀鳝是鳝科，雀鳝属大型鱼类的统称，产于北美或中美。主要栖于淡水，但有的品种可降入半咸水甚至咸水。雀鳝有锐利牙齿，是大型凶猛鱼类，肉食性，背鳍靠后，尾鳍圆形，最长的雀鳝可长达至6米。

加拿大湖怪

传说中的怪物

加拿大著名的水怪是欧哥波哥，它生活在奥卡纳贡湖。其实远在欧洲人到达那里之前，土生土长的加拿大人就已在他们自己的历史中对湖怪作了陈述性解释。

最早的古印第安人发现它时，给它取了一个长长的名字，叫

"塔哈哈艾特什"。这些印第安人因为在湖畔居住，经常要渡过湖去。可自从"塔哈哈艾特什"出现后，他们泛舟过湖时，常常有同伴丧命。

丧失生命的危机，使这些古老的居民们想了一个办法，就是在渡湖时在一种名叫"民卡努"的小型舢板上带一只狗或一只鸡，在湖中，若水怪出现，距船很近时，印第安人便把船上的狗或鸡扔下湖去，以便保证自己能够平安无恙。

此后第一批定居者来到奥卡纳贡湖畔。有一天，人们看到湖面上漂着长着羊头的电线杆，逆风逆流在湖中游动，经向当地人打听，才听说了水怪的存在，20世纪60年代之后，目击者逐渐多起来了。水怪的事才引起了他们的重视。

后来，人们常常提到的奥卡纳贡湖里的怪物有两种：一是指欧哥波哥怪物，还有一种则是那伊塔卡怪物。

关于欧哥波哥怪物的报告已被大家认同，即这个怪物体长约21米，头被许多目击者描绘成为类似马、牛或羊的头。而那伊塔卡则是一种大型的蛇状的怪物。

目击者的叙述

有位目击者在奥卡纳贡湖游泳时，真的撞上了一个又大又重的东西，当时这位女孩还是十几岁的孩子。她告诉"国际隐居动物学学会"的格林威尔说，事情发生在1974年7月的一个温暖的

早晨，时间大约是8时。

　　当时，她正在湖中向一木筏游去，那木筏被用作跳水平台，距湖边有450多米。在她几乎触到木筏的时候，这时她感到有什么东西碰到了她的双腿。无论它是什么，都是庞大的、结实的和很重的东西。遇上这种意外的水下碰撞，她吃惊与恐惧的样子是可想而知的，她尽其所能快速地爬上了木筏。

　　那个怪物距离女孩不足6米，而且湖水是清澈的。据她的描述，那怪物有一个峰或一个盘状的东西，就像来自苏格兰尼斯湖报告中常常提到的那个大怪物。根据她的描述，那个峰或盘状的东西有3米长，露出水面将近0.5米。当她观看时，它正在水中向前移动。

　　她说它当时正在离开她，向北游去。她看到的尾巴大约在隆峰后3米的地方，尾巴就像鲸鱼的尾巴估计大约有2.8米宽。这个怪物的游水方法是，当隆峰或盘状物进入水里时，它的尾巴便拍起来。

女孩说那尾巴曾有一度露出水面，也许接近0.3米。她看了这个怪物有四五分钟，可是她发现很难将它归类。在某种程度上，它让她想起的是鲸鱼而不是鱼，但是她也觉得，它作为一条鲸鱼又有点太苗条了。它身体的颜色是深灰色，给她的印象是没有脖子，就像鱼一样，头与身体是相连的。

另一个目击报告来自一位加拿大渔业巡逻船的船长，他说它

更像是一个长着羊头的漂浮着的电线杆。

　　一位温哥华的游客在距她100米以内的地方看见欧哥波哥在游水。她说那真是一个别致的情景，它的头长得像马或是牛，闪闪发光的盘状东西就像两只巨大的车轮在水中行驶。她还解释说，它脊背上参差不齐的边缘就像大锯的锯齿。她至少见到它在水中沉浮3次，随后便沉入水中消失了。由于在来奥卡纳贡以前，她对这种怪物的传说一无所知，并且对以前人们目睹这怪物的事情也没有耳闻，所以她的证言尤其让人感兴趣。

两种怪物的存在

没有什么东西可以阻止两类完全不同的水怪居住在奥卡纳贡湖，数量较少的食肉动物也许靠吃食草动物为生，尽管更可能的是，侵犯性较弱的种类可能是吃鱼的一类，而不是吃水草的那一类。

更多种类的水怪共存的可能性被1949年7月2日的记载所证实。当时一群目击者坐在一艘船上，船紧靠奥卡纳贡湖边，他们报告说看见了龙王鲸的标本，它的一部分浸在湖水中。这些目击者看到它时，距离它大约不到30米远，他们描述它的尾巴是叉状

并且是平的，而且它的运动呈起伏状。他们报告说那个怪物的头在水下，并且推断在他们观察时它正在进食。

在加拿大马尼托巴大学，动物学系主任吉米斯·马克卢维德教授正在领导寻找奥卡纳贡湖欧哥波哥水怪的工作，为了捕到水怪，他们使用了网具，甚至派潜水员潜入到湖底，以测量和探索踪，但是每次都未能如愿以偿地发现水怪，马克卢维德教授说，很多人都清楚地看到了一个怪物，这使我们肯定，他们看到的是一个人们不熟识的动物，因此我们不能指责他在撒谎，目前他们仍在继续寻找。

水怪历史上曾屡次现身

　　一个令人惊异的报告来自1867年加拿大新布伦斯威克市的幻想湖。在伐木营地和湖边磨坊工作的人们，描述了他们所看到的一个巨大的动物在水中嬉戏的场景。在几年以后的1872年，他们的口述出现在《加拿大图片新闻》刊物上。

　　据人们的描述，那动物长着桶状的头，有一副令人畏惧的大颚，据说它常常出现在冰水融化以后。这与欧洲对湖怪的调查有联系。在挪威，当冰冷的水从山湖中流淌下来时，目击怪物的次

数也就明显地增加。在相关的河流湾边，哪儿有森林磨坊，哪儿就常常有人看到怪物。

人们猜测，这会不会是一片片翻腾的河水？它总是伴随着人们目击水怪的报告，这翻腾的河水在某种程度上归咎于众多的腐烂并发出大量烟气的工业废物。反过来，那些烟气是否又给废弃物以充足的能量，使其大量地涌出水面，使人们误以为是欧哥波哥或是它的近亲呢？但是，使谢莉·坎尔贝感到惧怕的那个怪物绝不是由气体驱动的一团废物。

世界上不管是亲眼目睹还是传闻所言的湖怪故事不胜枚举，但是孰真孰伪，我们只有静待科学家们能够早日给予一个清晰的答案。但是，隐居动物学专家们认为，那是龙王鲸或者械齿鲸。尽管这种原始鲸鱼的化石记录表明它已经灭绝了至少有2000万年，但它的确存在过。

延 伸 阅 读

龙王鲸，意为帝王蜥蜴，是龙王鲸科中的一个属，生存于3900万至3400万年前的始新世晚期。龙王鲸平均身长为18米，拥有比现代鲸鱼更为修长的身体。龙王鲸的化石第一次被发现是在美国路易斯安纳州。

俄罗斯柯尔湖怪物

柯尔湖的传说

俄罗斯境内有一个名字叫"柯尔湖"的湖泊，位于哈萨克斯坦的南部。一个名叫安那托里·别切尔斯基的生物学家，曾经来到柯尔湖进行考察。一个牧羊人告诉他，有一天，自己正在柯尔湖边放羊，看到两个小伙子跑到湖里洗澡。两个小伙子刚跨进湖水里就惨叫了一声。自己听见叫声跑过去一看，那两个小伙子早就消失得无影无踪了。牧羊人说："过了两天，我赶着羊群去湖边饮水。等我往回走的时候，发现少了两只羊，这湖

里肯定有一个大怪物！"

安那托里·别切尔斯基听了，心想是一种什么怪物在湖里作怪呢？后来，安那托里·别切尔斯基还听当地人说，柯尔湖里还有一种奇怪的现象，不管是在旱季还是在雨季，湖里的水始终不多不少，总是一样，这又是怎么回事儿呢？

确定柯尔湖有怪物

1974年，安那托里·别切尔斯基带着儿子来到柯尔湖。有一天，他和儿子拿着猎枪和照相机在湖边散步，刚刚拍了几张照片，突然，大量的飞鸟"呼"地一下从湖边飞起来直扑湖面，然后不停地用翅膀拍打着湖水。

它们一会儿惊叫着腾空飞起，一会儿又在同一处湖面上不停地盘旋，好像受到了什么惊吓，也好像发现湖水里有什么东西。可是，湖面上没有一点儿动静。安那托里·别切尔斯基和儿子面面相觑。这时，平滑如镜的湖面上突然泛起道道波纹。

　　接着，湖面上出现了一条水流，有15米左右那么长，它蜿蜒迂回慢慢地移动着，就好像在水下游动着一条巨蛇。这把他们给吓坏了，安那托里·别切尔斯基忽然想起了牧羊人给他讲的那些故事。

　　过了几分钟，这条水流又慢慢地沉了下去，湖面上又恢复了

平静。经历这件事以后，安那托里·别切尔斯基认为柯尔湖里边真的存在着某种特别动物。不过，它到底是一种什么样的动物，是不是人们传说的那种怪物，还有待进一步考察。

延 伸 阅 读

1905年的一个冬天，两名英国伦敦动物学会的博物学家乘一艘科学考察船在巴西东北海岸发现一种海怪，其头和颈一样粗，直径与人的身体差不多，头颈共长约2.8米，头似乌龟，游泳速度不快，并以古怪的方式扭动头和脖子。

地狱入口的泰莱湖怪

神秘的泰莱湖

在非洲刚果和扎伊尔交界处，有一个风景秀丽的泰莱湖，它的四周被大片沼泽包围，形成了一个与世隔绝的独立王国，那儿人迹罕见，笼罩着浓郁的神秘气息。

　　谁也不知道泰莱湖的真面目，但很久以来，在附近的居民中一直盛传，有一种硕大无比的无名怪兽，平时活动在人烟罕见的湖沼腹地，隐形遁迹，行踪诡秘。

　　当地人称泰莱湖为"地狱的入口"，因为传说7000万年前从地球上消失的恐龙又在此出现。

怪物目击事件

　　1980年5月，一位名叫埃古尼的村民，曾经亲眼见到湖沼中有一头巨大的黑色怪物在猛烈翻动，周身闪现出一道淡色的光环，犹如彩虹贯空，所以当地人把它称为"莫凯朗邦贝"，土语中的意思就是"虹"。

同年的又一个夜晚，有个名叫匹斯卡尔的渔民在埃德扎马河一带捕鱼，突然，他看到一只巨大的怪兽，正在湖岸边吞食植物。慌乱之中，匹斯卡尔发出了一点响声，被怪兽发觉。这时，只听见它发出一阵尖厉的嚎叫，立即返身向湖中逃去，一路上磕磕碰碰，居然把碗口粗的树撞倒了好几棵。

第一次科学考察

泰莱湖怪物的传闻引起了世界上许多科学家的兴趣，他们认为，传说中描绘的湖怪，很像早已灭绝的恐龙。难道当今世界上还有恐龙存在吗？

为了解开这千古之谜，法国立即组成了一支科学考察队，首

次进入刚果的原始森林沼泽区，希望得到活恐龙存在的确凿证据。但是，几年过去了，这支考察队没有一名成员从沼泽中生还归来。

第二次科学考察

法国探险队的遇难，并没有动摇科学家勇于探索的决心。1981年，美国黑人科学家雷吉斯特兹，开始第二次刚果之行。他聘请芝加哥大学生物教授路易·马查尔作为顾问，组成一支精干的考察队，他的妻子卡·凡都森也是其中一名考察队员。

他们在泰莱湖等了6个星期，5次看见这个传闻中的湖怪，6次听到它的鸣声，他们拍了照，录了音，还找到一些较完整的恐龙

骨骼。艰苦的野外生活使他们的身体很虚弱，因此不得不提早踏上归程。

雷吉斯特兹回来后，作了36小时的详细考察报告，并将报告寄给刚果政府，这引起了科学部门的高度重视。

又一次科学考察

1983年，刚果组织了一支国家考察队，由阿格纳加和马赛宁担任队长。他们3月份动身，沿着雷吉斯特兹的路线进发，历尽千辛万苦，于4月22日到达泰莱湖。

5月2日是刚果考察队难忘的日子。那一天，他们刚进入森林地带，向导吉恩·查理不小心跌入水池。这时，大家正忙于拍摄一群当空掠过的天鹅，谁也没注意。直至5分钟后，才听见查理的大声呼喊："快来！快来！"

开始同伴们还以为他遇到危险，赶紧朝查理奔去，只见激动万分的查理用手指着左前方。马赛宁顺势望去，天哪！300米外的湖面上半浮着一个奇异的长颈怪物。它的背部相当宽阔，头很小，"莫凯朗邦贝！"队长禁不住叫出声来，几乎不敢相信自己的眼睛。也许是太兴奋了，他的双手在发抖，浑身不住地战栗，连摄影机的光圈都无法调准。但他最后还是屏住呼吸，一口气把摄影机中所剩的胶卷全部拍得干干净净。

接着，马赛宁赶紧坐上独木舟，向怪物悄悄划去，当双方距离60米时，马赛宁清楚地看到，怪物的小脑袋正在东张西望，随后便沉入水底，消失得无影无踪。

湖怪是恐龙吗

通过实地考察，科学家们发现的怪物形象很相似。美国雷吉斯特兹说："它有3米长的脖子，头小，背长约4.5米，整个身体长度9米至12米，皮肤灰色而有光泽，似乎有尾巴。"刚果考察队的马赛宁则说："它的头很小，有奇特的长颈，背部很宽，露出水面的部分有4米长，额头棕褐色，肤色黑亮，身上无毛，在阳光下闪闪发光。"如此相似的描述，可见他们发现的怪物是同一种动物。

科学家还对怪物的录音进行了仔细分析，发现它的声音与非

洲大型动物的声音完全不同。这声音有两大特征，一是清晰的
"砰砰"声，另一个是特有的高频声，听起来就像穿过树林中的
劲风吹刮声那样，而且越往后声音越强。有个名叫大卫·威泊尔
的古生物学家，听到这个录音后说："在我以前听到过的所有动
物叫声中，从没有过这样的吼叫声和"砰砰"声，如果那不是恐
龙的叫声，至少是一种尚未发现的新动物。"

　　雷吉斯特兹在考察中还带回另一个重要证据，就是一些恐
龙头骨、脊椎骨的骨架和很完整的大腿骨。根据碳-14同位素测
定，头骨形成的年代仅10万年左右，这证明10万年以前泰莱湖地

区还有恐龙存在，这对于7000万年前恐龙已灭绝的理论，是一个强烈地冲击。

当然，最有说服力的证据是那段长达20分钟的录像片，还有许多就地拍摄的照片。许多事实似乎已经证实，泰莱湖地区确实有活恐龙，但它是哪一种恐龙呢？雷吉斯特兹考察队的生物顾问马查尔教授，曾对几十名看见过湖怪的当地人进行询问，他拿出许多动物照片，包括世界上所有的大型动物，其中再混入一张雷龙的复原图照片，让他们辨认，几乎所有人都认为，雷龙的图片最像湖怪。

　　关于泰莱湖有可能存在活恐龙的问题，还有许多谨慎的科学家表示怀疑，他们说，目前所有的证据，还不能完全说明泰莱湖有活恐龙，除非拿出更加充分的证据。

延　伸　阅　读

　　关于怪兽的说法，在当地的俾格米人中已经流传了数百年之久。法国传教士博纳旺蒂尔·普罗雅在他的游记中写到他见过那怪兽又大又圆的足迹。如果是事实的话，泰莱湖的怪兽很可能是蜥脚类恐龙。

美国怀特河怪兽

怀特河出现怪物

20世纪70年代前，在美国阿肯色州东部的新港怀特河里，偶尔会出现一只怪物，当怪物出现时，会卷起奇特的水浪，并且露面时间不太长。

有一位目击者叫布兰布利特·贝特曼，因为当时他距离怪物约100米远，所以无法辨别出那个怪物的全长或者整个体积大

小，只估计大约有3.6米长，1.2米至1.5米宽。

他当时无法看清怪物的头部和尾部，怪物在原地待了5分钟。后来布兰布利特·贝特曼还曾见过怪物在怀特河里上下游动，他在第一次目击水怪的那天，美国杰克逊县副治安长官里德与他在一起。

他们先是看见河面有很多泡沫构成一个圆圈，其直径大约有9米长，然后看见更远一些的河里有一只怪物冒出水面。在里德看来，那个怪物很像一只巨大的鲟鱼或鲇鱼。两分钟后，怪物又没入水下。

1971年6月，一位目击者叙述说看见一只像火车车厢那么大的动物在水里乱扭乱动。另外一名目击者在1971年6月28日拍摄了一张不是很清晰的照片，显示水面上浮着一个巨大的物体。这位目击者同时还描述了那只怪物的叫声，好像混合了牛鸣和马的嘶叫。

科学家的见解

在几起案例中，目击者描述说看见怪物前额上有突出的骨头。科学家奥利·理查森和乔伊·杜普利在怀特河附近岛上发现有巨大的脚印，有的面向怀特河，有的背向怀特河。每一个3趾的脚印都有4.2米长，2.4米宽，并有很大的肉掌垫，还有带骨刺的一个脚趾。从弯曲的树木和被压倒的植物等现场证据看，有一只巨大的动物曾经在岛上行走过，甚至卧倒在那里。

生物学家罗伊·麦克尔认为，这种冒出水面的怪兽其实就是

一只巨大的雄性海象，它脱离了原来的生存环境，从而没有被不熟悉它们的观察者识别出来。海怪究竟是什么动物，还有待于进一步发现和考证。

延 伸 阅 读

　　1848年8月6日，在一艘名叫"黛德拉斯号"的船上，船长和6名船员都目睹一巨大海怪达20分钟之久。此海怪头和肩部约1.2米，总露在水面，头后部直径约0.4米，像条蛇，游泳速度每小时达20千米左右。

德克萨斯沃斯湖怪兽

不断出现的两足怪物

1969年，一种长有毛发的两足怪物在北美德克萨斯州的沃斯湖附近不断出现，这引起了德克萨斯州福斯沃斯城居民的恐慌。据几个目击者描述，在湖里看到的巨大生物，大概有1.83米高，长着白色的头，散发着非常强烈难闻的气味。

多次目击怪兽出现

一天午夜，福斯沃斯城居民赖卡特夫妇和另外两对夫妻一起偶遇了这个怪物。当时，他们正在沃斯湖岸边夜宿，一只巨大

　　的动物从树上跳落在他们汽车顶上。那只动物身上长有鳞、毛发，外形像人又像山羊。

　　第二天，警方在他们受损汽车的一侧发现一个巨大的划痕，看起来很像是某种动物的抓痕。就在怪兽攻击案发生几天后，当杰克·哈里斯正沿着通往沃斯湖（Gumbo limbo）自然中心的唯一一条路驱车前行时，他看到一只动物在他面前穿了过去，爬上一段山崖然后又爬下来，当时有三四十人都看到了它。不久，匆匆赶来的警察们也看到了这令人难以置信的一幕。

当一些围观者们试图靠近这个动物时，它向他们掷来一个废轮胎，目击者们连忙逃回了车上，而这只动物则逃向灌木丛中。人们随后发现了血迹和0.15米长的脚印，但是只拍到了一张怪兽的照片。

怪兽最后的袭击

最后一位目击者是查尔斯·巴坎南。他正在卡车后厢里打盹儿，突然有什么东西把他举起来。巴坎南抓住一条装有鸡肉的袋

子向怪物掷去，而这头怪物则一口将其吞进肚中，然后一下跃入湖中向格里亚岛游走了。沃斯湖的神秘怪兽神出鬼没，至今人们无法揭开它的真面目。

延 伸 阅 读

在澳大利亚的塔斯马尼亚岛上，曾经生活着一种狡猾却又十分害羞的动物，那就是塔斯马尼亚虎。它长着类似狼的脑袋和像狗的身子，是现代最大的食肉有袋动物，又被称作塔斯马尼亚袋狼，它背部长着像老虎一样的黑色条纹，还有能张开很大的利爪。

佛罗里达海底章鱼怪

巨大的动物遗体

1896年11月30日，在美国佛罗里达州安那斯塔西亚岛的海滩上，科尔斯和科来特发现了一个巨大的海洋动物遗体。第二天，德威特·威布医师与几名助手一起前往现场。

这个小组得出结论，认为这个动物大约重5000千克，应该就

在几天前搁浅海滩。它的可见部分长6.9米，高1.2米，背部最宽5.4米。它的皮肤略呈粉色，不过看上去几乎呈纯白色，并带有银色蜕皮。

威布认为，那不是一条鲸鱼，可能是某种章鱼，它的体积如此之大，以前想都没有想过。威布的助手在尸体旁挖掘时发现了大块儿的触角。在这个动物被冲上岸之前，好像受到了攻击并且身体部分被撕裂。

维里尔进行研究

耶鲁大学动物学家维里尔不同意威布把发现的动物认定为章鱼的看法，因为已知最长的章鱼标本只有7.5米长。

他认为这个被冲上岸的动物是某种巨型鱿鱼，并在1897年4月的《美国科学杂志》上简短地发表了他的这一看法。但是随着得

到的信息进一步增多，他接受了这种动物巨型章鱼的判定。

维里尔通过把这个巨型动物的触角与已知的章鱼触角标本作比较，得出一个奇特的结论：它的触角全长至少有1.5米。如果从一端的触角顶至另一端的触角顶进行测量的话，这个大得难以置信的章鱼竟有60米长。

怪物尸体多次出现

1960年8月，在澳大利亚塔斯马尼亚岛海滨西北部发现的畜体有可能与佛罗里达发现的相似。这个畜体非常古怪，没有眼睛、脑袋和骨头，它的皮肤光滑细腻并有弹性。

在之后的一个半星期里，畜体的问题成为世界各大报纸杂志的头版头条新闻，如潮水般涌来的问题使澳大利亚政府应接不暇。面对如此之多的问题，澳大利亚政府无奈只好派遣一个由动物学家组成的小组从霍巴特飞往现场准备做一次全面的调查。但是工作小组于次日就返回了霍巴特。

　　官方的报告说，因为从畜体被冲上岸至工作小组进行检验这期间相隔已久，"目前还不能从我们的调查中明确认定该畜体到底是什么。"但是动物学家们还是觉得畜体像是"一只正在腐烂的巨大的海洋动物的一部分"，而不是鲸脂一类的东西，最终还是不能确定是什么，整个事件最终以忽视和迷惑不解而收场。

　　1965年3月，又一只畜体出现在新西兰的北岛东岸的穆里外海滨。据说它有9米长，2.4米高，并且"毛茸茸"的。奥克兰大学

动物学家莫顿说："我想不出任何与之类似的东西。"

综合所有的案例，国际动物学学会的理查得·格林韦尔说："所有案例中的描述和照片都很相似。所有的畜体都被描述成坚硬，不易被割开，通常没有气味并且多纤维，所以经常被称'毛茸茸'。而且还有一点很奇怪，就是所有的畜体几乎都没能被专家最后认定。没有人确定它们是巨型章鱼，但是这种认定毕竟是一种可能。"

科学家们的希望

如果真有巨型章鱼的话，它们一般不会被经常看见，因为它们是深居海底的动物。但

是，它们被看见的案例时不时地经常出现。巴哈马渔民曾述说他们看见的"巨型章鱼"，头足类动物学家福里斯特·伍德证实了他们所说的是可信的。

1989年12月下旬，新闻媒体报道了菲律宾南部蒙地卡罗海面上一个可怕的圣诞夜。一艘小船上的人们正打算将一个婴儿的尸体运送到附近的小岛上安葬，突然他们惊恐地看见一只章鱼的触角突然落在船帮的一侧。船主埃勒厄特里奥·萨瑞诺感觉有隆起物，其中一个腻乎乎的触角钩住船帮。他后来惊魂未定地说："触角最厚实的地方大小如同一个强壮的男人的上臂，沿着船帮。"

另外一个乘客杰里·埃尔瓦雷斯说："我看见水下也有巨大

的触角，尽管我打开我已经的手电筒可光线还是很暗，但是我确信我看见水下有一个长着大眼睛的头。"他还说那种动物的触角大概有2.4米长，"非常长，非常可怕！"

据目击者介绍，船不久就开始左右摇晃，一会儿就翻了个底朝天，船上的乘客奋力游回到岸上才保住了性命。

这种"巨型章鱼"到底是哪里来的？它们是生活在深海还是近海？是一个群体，还是一个单独的存在？这一切到如今都还没有答案。

随着科学研究的深入，海洋生物学家们逐渐把注意力放到那些未知的生活在海洋深处的特殊动物身上。相信不久的将来一定会得到突破性的进展。

延　伸　阅　读

世界上最毒的章鱼是蓝环章鱼，主要分布在澳大利亚海域附近，这种小章鱼咬上人一口就能致人死亡。不过这种章鱼一般不会主动攻击人类。人们在海边游玩时要注意别踩到它。

巴拿马蒙托克怪兽

发现蒙托克怪兽

蒙托克怪兽是在美国纽约长岛蒙托克地区发现的，蒙托克怪兽浑身没有毛发，一身皮厚实而光滑，嘴的形状看起来像鸟喙，牙齿非常尖锐。

2008年7月12日，美国纽约长岛蒙托克地区的海滩上惊现一只像拔光了毛的死狗一样的怪物，人们将他称之为"蒙托克怪兽"。

这具怪兽尸体是由22岁的年轻人柯林戴维斯发现，他声称还留有证物，柯林戴维斯表示他们有一袋骨头和头骨。

美国各大网络社区和博客上关于蒙托克怪兽的讨论非常热

闹。有人说这是剥了皮的浣熊，有人说这是去掉壳的海龟，还有人认为这是美军恐怖的生化试验造成的异形。目前，获得支持最多的猜想是死狗论，看上去像鸟嘴的那部分可能是它的鼻腔。

巴拿马海滩的蒙托克

2009年9月17日一则报道称：近日一张令人毛骨悚然的怪兽图片风行网络。据悉。一群在巴拿马海边玩耍的孩子撞见这只恶心的生物后大惊失色，遂将它打死抛下悬崖。

报道称，这些孩子14日在巴拿马南部巴拿马市海边玩耍时发现了一个岩洞，于是他们想爬进去一探究竟。据他们讲，刚一爬进洞口，这只像用橡胶做成的无毛怪物就冲他们奔了过来。为了自卫孩子们就拿随身带着的棍子将怪物乱棍打死，扔到了悬崖下的一个水坑里。缓过劲来后，孩子们又返回原处，拍摄了几张怪物的照片，并报告了当地警察局。照片传上网后，网友热议这可能又是一种人类未知的"蒙托克怪兽"。

不过，这只蒙托克怪兽与纽约长岛的那只有很多不同。前者无毛、皮厚、长着长长的牙齿，看起来像个橡胶人，后者虽也没有毛发，但却长着一张尖利的鸟嘴。

最初，很多网民怀疑这张照片经过了人为加工，但陆续有不少目击者站出来证明确有其事。在海滩饭店当侍者的米汉说，他也看到了这个动物的尸体，当时有人给动物管理部门打了电话，但在工作人员赶来之前，有一个身份不明的老汉推着车把这个尸体运走了。

形态特征

此怪物有着细长无毛的尾巴，后肢呈青白色，粗短强壮，前肢掌部辐射细长指状物体，右前肢有布带状东西缠绕着。胸腔下方有一深色暗痕，疑似旧疮。

尸体皮肤风干发皱，颈项至臀背皮肤紫黑色面积超过85%，像是被殴打过，侧鬓延伸至脖颈有毛发，毛发中有两颗疑似肿瘤物体，嘴成鸟喙状，牙齿尖锐呈锯齿状结构，眉弓处有凸起物，呈

平线方向有疑似耳朵物体，目半开半阖，呈混沌状。

外界评论

有人认为，这恐怕是一只拔光了毛的地懒，一种生活在数千年前的业已灭绝了的动物，是现代树懒的近亲，还有人认为，从怪物的爪子看，这可能又是一只无毛死狗。不过也有相当一部分的网民认为，这怪物模样诡异，实在不像是地球生物，可能是外星人造访地球时来不及带走的外星宠物。

延 伸 阅 读

据生物学家分析，长岛的蒙托克怪兽实为一具腐烂的浣熊尸体。尸体在水中长时间浸泡导致身体毛发脱落，但尸体上仍能够发现留有少量毛发。由于动物的口鼻会滋生许多细菌，导致口鼻处最先腐烂因而造成鸟喙的假象。

法国掘沃丹怪兽

食人狼现身

1764年初夏的一天，法国东南部的一个紧邻森林的农庄，一个年轻女子正在照料奶牛，忽然抬头看到一头可怕的野兽向她扑来。

它的大小与一头牛或一头驴差不多，但看起来却像一只巨大的狼。后来，那些牛用它们的角把这只动物赶跑了，

它就是著名的食人狼。后来的事实证明，这个牧牛女比起后来绝大多数目击者们，要幸运得多了。

杀戮不断发生

事发不久，被咬得遍体鳞伤的牧人、妇女甚至儿童的尸体在这个地区就经常被发现了。第一个牺牲者是一个小女孩，当人们发现时，她的心脏已被掏出来了。

从8月下旬开始，这只动物就开始敢于攻击成群的男人了。乡间开始流传着一个恐怖的说法，一个狼人正在旷野间游荡。有曾开枪射它或用东西刺它，但棍棒、手枪等武器对它来说似乎不起作用。

10月8日，两名猎人把数粒子弹射进它的躯体，这头野兽还是一瘸一拐地逃走了。当时人们认为这头野兽逃走后，也一定活不了。但一两天之后，杀戮又开始了。顿时，法国这一地区的村民又开始处于一片紧张与恐慌的状态中。

目击者的报告

1764年末，巴黎《加莱特报》把所有目击者的报告汇总在一起，描绘出这头野兽的样子。

它比狼要高出许多，脚上长着锋利的爪子，头发是红的，头很大，嘴巴的形状像狼狗，耳朵小而直。胸部宽阔呈灰色，背上有黑色条纹，血盆大口里长着尖尖的利齿。

野兽不畏武力

有一次，两个孩子惨遭这头动物的毒手，尽管当时一些年龄稍大些的年轻人，用草叉和刀子同它进行了殊死搏斗，但这两个孩子还是被撕咬至死，于是人们向凡尔赛王室求助。法国国王路易十四派出了一支骑兵部队，领导者是杜哈梅上尉。杜哈梅让他的一些属下扮成妇女，于是士兵们有许多次看到这只动物并举枪射击，但它总能设法逃之夭夭。最后，这只动物对人类的攻击杀戮似乎停止了，杜哈梅猜想它可能已因伤致死。

然而，在他与部下离开后，血腥的屠杀又开始了。在击毙这头动物的巨额赏金的激励下，一些专业猎人和士兵来到这个地区。尽管杀死了100多只狼，但这只动物却施暴依旧。几个月后，这个地区所有的村民都准备迁往其他地方，有的已经付诸了行动。因为居民们称他们曾看到这只动物隔着窗户盯着他们，那些冒险走到街上的人也遭到攻击。许多农民被这只动物吓呆了，他们甚至还没装子弹就向它开火。

危机终于结束

　　直至3年后的6月，这场危机终于结束了。家住热沃丹西部的马奎斯·德·阿普彻率领着几百个猎人与追踪者来到了这里，并分成若干小组成扇形分布于村野。

　　19日晚上，一个小组终于碰上了这只动物。琼·查斯特向它开了两枪。因为传言它是一只狼人，所以查斯特的枪里装的是银

子弹，第二枪正好击中它的心脏使之毙命。切开它的肚皮，在它的胃里发现了一个小女孩的锁骨。到它死时，这只动物已杀害了大约60条性命。

此恶已除，全民称快，这只凶暴动物的尸体在当地被游行示众了两个星期，然后被送往凡尔赛。但由于尸体腐烂严重，在运抵王宫前，就不得不将它埋在郊外的荒野中了。

对怪兽的猜测

对于狼攻击人的说法，许多现代野生动物专家对此表示质疑，他们认为这种动物总是试图远离人类。然而到处都有食人狼的报告，并且可信度较高，特别是在枪被发明之前。有人指出现在的狼在经历了许多代火器后，比它们的祖先对此更加小心了。

　　热沃丹怪兽的故事显示了动物的一种非常行动。这个动物奇异的外形不由使人怀疑它是否真是一头狼。如果不是，那它又是什么生物？或许它是一个凶猛而未知的新生物种类，只不过外形酷似狼而已。

延 伸 阅 读

　　动物界的狼过着群居生活，一般7只为一群，每一只都要为群体的繁荣与发展承担一份责任。狼与狼之间的默契配合是狼成功捕食的决定性因素。不管做任何事情，它们总能依靠团体的力量去完成。

海底巨怪抹香鲸

世界上最大的齿鲸

抹香鲸是世界上最大的齿鲸。它们在所有鲸类中潜得最深、最久，因此号称为动物王国中的潜水冠军。在抹香鲸中，雄性最大体长达23米，雌性17米，体呈圆锥形，上颌齐钝，远远超过下颌。由于其头部特别巨大，故又有"巨头鲸"之称。抹香鲸身体粗短，行动缓慢笨拙，易于捕杀，故现存量由原来的85万头下降

至20万头。抹香鲸的长相十分怪，头重尾轻，宛如巨大的蝌蚪，整个头部仿佛是一个大箱子。

抹香鲸身体的背面为暗黑色，腹面为银灰或白色。头部特别大，几乎占体长的1/3。上颌和吻部呈方桶形，下颌较细而薄，前窄后宽，与上颌极不相称。有20对至28对圆锥形的狭长大齿，每枚齿的直径可达0.1米，长约0.2米多。

喷水孔在头部的前端左侧，只与左鼻孔通连，右鼻孔阻塞，但与肺相通，可作为空气储存箱使用，呼吸时喷出的雾柱以45度角向左前方倾斜，无背鳍，鳍肢较短，尾鳍宽大，宽约3.6米至4.5米。

哺乳动物中的潜水冠军

抹香鲸这种头重尾轻的体型极适宜潜水，它们大部分栖于深海，常因追猎巨乌贼而"屏气潜水"长达1.5小时，可潜到2200米的深海，故它是哺乳动物中的潜水冠军。抹香鲸常与大王乌贼展开刀光剑影般的相互残杀，大王乌贼最大者达18米，重1.5吨。

有人曾在热带海洋看到抹香鲸与巨乌贼搏斗的激烈场面，它们从深海一直打到浅海，不是抹香鲸吃掉大王乌贼，就是大王乌贼用触腕把鲸的喷水孔盖死使巨鲸窒息而死。

根据2008年荷兰莱顿大学的科学家弗朗西斯科·布达教授和他的实验小组成员，通过精确的量子计算手段发现熟透的虾、蟹、三文鱼等呈现出诱人的鲜红色，是因为虾、蟹、三文鱼等都富含虾青素，熟透的虾、蟹、三文鱼等的天然红色物质就是虾青素。与大王乌贼拼得你死我活，其本质就是互相争夺对方的虾青素资源，以利于自己能够在深海中长期生存下去。

抹香鲸的生长繁殖

抹香鲸喜欢结群活动，常结成5头至10头的小群，有时也结成几百头的大群。在繁殖方式上，抹香鲸为一雄多雌，它们的繁殖期有激烈的争雌行为，雌鲸大概9岁时性成熟，每4至6年生一胎，较老的雌鲸生殖期较长，怀孕期至少1年以上，最长达18个月。

抹香鲸雌鲸每胎仅产一仔，有时也有两仔，但极为少见。雌鲸的哺乳期至少两年，有时更长。小抹香鲸出生后，幼仔体长4米至5米，哺乳期1年至2年。一般在10岁左右开始成熟，最长寿命可达75年。

抹香鲸在北半球的交配期可能从1月至7月，以3月至5月为最高峰，而南半球的抹香鲸交配期为8月至12月之间，主要集中在10月。由于抹香鲸的生长速度慢，以及对后代缺乏照顾，因此，被大量捕杀之后要很长时间才有可能恢复原有群数量。

龙涎香

抹香鲸把巨乌贼一口吞下，但消化不了乌贼的鹦嘴。这时候，抹香鲸的大肠末端或直肠始端由于受到刺激，引起病变而产生一种灰色或微黑色的分泌物，这些分泌物逐渐在小肠里形成一种黏稠的深色物质，呈块状，重量从几千克到几十千克不等，也曾有420千克的。最大直径为1.65米，这种物质即为龙涎香。它储存在结肠和直肠内，刚取出时臭味难闻，存放一段时间逐渐发香，胜麝香。

龙涎香内含25%的龙涎素，是珍贵香料的原料,是使香水保持芬芳的最好物质，用于香水固定剂。同时也是名贵的中药，有化

痰、散结、利气、活血之功效。但不常有，偶尔得到重50千克至100千克的一块，便会价值连城，抹香鲸便由此而得名。

抹香鲸的标本研究

1978年4月8日，在我国山东省胶南县搁浅一头雄性抹香鲸，长14米，重22吨，初步鉴定为37岁。这头抹香鲸由中科院青岛海洋研究所制成标本，现展于青岛海产博物馆，它吸引众多游客，令人流连忘返。该鲸的骨骼系统也于1995年5月架起来并对观众展出，这是我国最完整的齿鲸骨骼系统，它向人们说明：鲸在漫长的历史进程中，由陆地进入海洋的事实。

2008年初，一头重48吨的抹香鲸在威海荣成搁浅，死亡后经过几个月的时间制作成骨架标本和皮肤标本，现在刘公岛鲸馆展出，同时展出的还有龙涎香。

抹香鲸的传奇故事

抹香鲸为什么能潜得如此深呢？有人认为这可能与它喜欢捕食大王乌贼有关。抹香鲸为了获得这种美味佳肴，不得不经常潜入深海，久而久之形成了对深海环境的适应。

第二次世界大战期间，一艘美国军舰在夜间行驶时，忽然舰身强烈地震动起来，经过检查，才发现军舰撞上了一头正在酣睡的抹香鲸。

我国古籍《广异记》记载："开元末，雷州有雷公与鲸斗，身出水上，雷公数十，在空中上下，或纵火、或电击，七日方罢。海边居民往看，不知二者何胜，但见海水正赤。"

据估计，这里所描述的正是抹香鲸与大王乌贼搏斗的一个激

烈场面，不过文中显然过于夸大其词。

　　据报道，大洋深处也有30米至40米长的乌贼。抹香鲸要吞食如此庞然大物恐怕不会轻而易举，需要经过艰苦搏斗，但至多一两个小时，乌贼便葬身抹香鲸之腹了。

延 伸 阅 读

　　抹香鲸的头中有一特殊器官，里面装有油状蜡，其鲸蜡器官就像是一个超级传导体，有极其灵敏的探测系统，犹如"声呐"，能通过自己发出的"咔嗒"声中听到回音，用以在漆黑的深海探寻食物，以弥补其不发达的小眼睛的缺陷。

吸血怪兽卓柏卡布拉

吸血的怪物

1995年至2000年以来，这种名叫卓柏卡布拉的神秘动物，在美国、波多黎各、智利四处游走，它诡秘的行踪引起了人们的纷纷议论和猜疑，因为目前还没人看过它的外形，所以其奇特的外

形，也引起了人们对其起源的种种猜想。

有人猜测它身高0.9米至1.2米，沿着背部向下的脊柱柔软灵活，眼睛细长呈红色，具有尖利的牙齿。有人甚至说它还长着翅膀，这些都是目击者们对这种奇怪的未知的怪物进行的描述，但都没有正确的。

人们把它称作卓柏卡布拉，意思是在西班牙语里意思是"吸血的怪物"。这个神秘的怪物，行踪非常诡异，令人恐惧，以杀死家畜，包括牛、羊、鸭子、猫在内而闻名。

怪兽的攻击事件

2000年，智利北部发生了一连串的卓柏卡布拉袭击事件，接连有200多只山羊、绵羊、鸭子和兔子都离奇地神秘死亡，死因是失

血而死。这些奇怪的袭击事件，当时被认为是成群的野狗所为。

　　从这些受害动物身上，都可以看到一个特征，典型的吸血怪异的伤口，让人们开始怀疑，是不是那个传说中的卓柏卡布拉凶手干的。据称，有些受害动物喉咙处都被切开，它们的血被吮吸殆尽。智利生态警察、保育调查员维克多、埃斯皮诺萨曾经采集过卓柏卡布拉的毛发样本和脚印压模以供研究，证明卓柏卡布拉与马、牛、山羊、猪、猫类或野狗的爪印，完全不符合，这是哪种动物的脚印？埃斯皮诺萨开始相信，传说中的卓柏卡布拉确实存在。

　　根据迈阿密不明怪物研究中心的维吉利亚桑切斯奥切霍博士介绍，埃斯皮诺萨对卓柏卡布拉脚印的研究结果表明这个怪物是

靠两条腿行走的，并且只袭击这个地区的热血动物，而不会去攻击蛇和蜥蜴等冷血动物，难道这怪物会知道体温吗？

像袋鼠一样能跳能跑的驼背怪兽

叶尔布拉特·伊斯巴索夫是奥伦堡州的牧民，他的家畜曾受到怪兽的袭击，自从这种怪兽出现后，他就特别警觉，每天他都要花很长时间守在牧场周围，以保护家畜的安全。

一天他的羊群里传出山羊凄惨的叫声，他听到后赶快向出事地点跑去，接近山羊的栅栏时，一只像袋鼠一样的动物闪电般地从栅栏里跳出，并消失在附近的森林里，但是一只山羊却倒在血泊中。

几天后羊群再次遭到怪兽的袭击，这一次伊斯巴索夫看清怪兽的后背有个隆起，它后肢很发达，能在羊圈里跳来跳去。怪兽发现伊斯巴索夫后便迅速消失了，但羊圈的栅栏上却留下它一撮儿灰棕色的毛。伊斯巴索夫认为，怪兽的嗅觉很灵敏，它在很远处就能闻到人的气味，因此很难抓到它。

怪兽像传说中的吸血鬼

由于遭到怪兽袭击的家畜非常多，因此奥伦堡州部分牧民得以保留下一些家畜尸体作为证据。一位牧民说怪兽的作案手段非常像传说中的吸血鬼。怪兽只袭击家畜颈部动脉，并在其脖子上留下两个弹孔状的牙印，家畜体内的血液都没了，但其身上的肉却完好无损。

奥伦堡州的一些兽医也认为，这种怪兽属于吸血动物而非食肉野兽，因为食肉动物在攻击家畜时，咬家畜的各个部位，在其

身上留下很多伤疤，而不会像这种怪兽那样只袭击其颈部。他们认为，当地出没的这种动物很像在美洲许多国家发现的吸血怪兽卓柏卡布拉。

怪兽出没留下的脚印

虽然这种怪兽行动敏捷，至今没有一只落网，但是奥伦堡州一位名叫德米特里·马季诺夫斯基的人还是拍到了它的脚印。马季诺夫斯基表示，自从听说怪兽的消息后，他就非常想找到这种动物，于是便经常带着相机到人们所说的怪兽经常出没的地方去。有一次在奥伦堡州萨克马拉河上，马季诺夫斯基乘船来到岸边，他看到浅滩处有一大串奇特的脚印，便下船观察，并发现脚印很像人们所说的这种怪兽的脚印，就用相机拍了下来。

他说，从脚印深度看，怪兽大约有30千克至35千克重，脚印中间还有尾巴的痕迹，脚印之间的步幅大约为一米。

对怪兽传闻的解释

科学家科尔曼说："1995年，专家认为卓柏卡布拉其实就是两足动物，高一米，遍体短短的灰毛，背部有尖刺。"那么，有关卓柏卡布拉最早传闻又如何解释呢？科尔曼说，一种可能是波多黎各人在1995年夏天观看或听说一部恐怖片后，开始想象出各种可怕事物。另一种可能性是，所谓

卓柏卡布拉其实是波多黎各岛上逃出来的大批猕猴，它们常用后腿站立。

科尔曼说："那个时候，波多黎各科学家用许多猕猴进行血液实验，后来有些猕猴从实验室逃了出去。卓柏卡布拉传闻或许就像猕猴一样简单，科学家总在不断发现新的动物。"但是，如果是猕猴为什么吸血呢？

延 伸 阅 读

2005年，俄罗斯奥伦堡州许多农场饲养的家畜在夜幕降临后频繁失踪，随后人们在草丛中发现的尸体特点是体内的血液一点儿没剩。当地居民反映，他们看见的残害家畜的凶手与美洲著名的吸血怪兽卓柏卡布拉相似。

陶兹伦的绿毛怪物

绿毛怪物伤人

1897年，美国人汉斯和巴斯克斯来到西班牙，直奔陶兹伦多大森林。这天，他们来到雷阿塞地区的一条山涧溪水旁。走在前面的巴斯克斯望见不远处有一块绿茵茵的青草地，开心极了。于是他一个箭步跨上前去躺在上面，同时回头招呼走在身后的汉斯。

　　走在后面筋疲力尽的汉斯抬眼望去，不禁打起精神径直朝那块大约三四平方米的大绿毡子走去。汉斯正走着，突然，眼前那块绿茵茵的毡子猛地一下就被什么力量卷了起来，变成了一只从未见过的毛毡样动物。巴斯克斯被紧紧地裹在了中间，只露出脑袋来，身陷险境的巴斯克斯脸憋得通红，张着嘴猛喊救命。

　　汉斯见情况不妙，赶紧猛扑过去，谁知那绿色怪物裹挟着巴斯克斯，迅速跃入水中。站在岸上的汉斯心急如焚，又不敢跳下水去。因怕水里有更多的怪物出现，背起行囊失魂落魄而逃。回国后，他恐慌不安地向新闻界人士讲述了这次惨痛的冒险经历。

这样的事情在40年后再一次出现。1937年，雷阿塞地区的一个猎人出门打猎，当他来到巴曼河上游时，看见水中漂着一节断木，约有5米长，粗细像水桶一般，奇怪的是，这根树木周围有许多藻类样的绿色毛状物，它们在水里飘浮着，显得非常的柔软。

好奇的猎人便捡来一根长杆，用长杆去挑水中的绿色物体。只见那绿色的树木顿时翻动起一阵阵水花，沉入水底再也没有出现。回国后，猎人把自己打猎途中的所见讲给家人及邻居听，一时成为街谈巷议的趣闻，久而久之人们也渐渐淡忘了此事。

怪物再次出现

时间一晃就是半个世

纪，一直到了1989年，雷阿塞地区发生了一起警察捉拿犯人的追杀事件。

就在紧急的追捕中，曾经一度被人们遗忘的绿色怪物再次出现在人们面前。当时，西班牙籍的国际贩毒头目哈沙勒在纽约被美国警方盯上。有名的国际反毒组织铁手警官约翰·科恩及其助手佩克负责监视并抓捕毒犯，进而捣毁他背后庞大的制毒集团。

在哈沙勒已经进入茫无边际的大森林时，科恩等人也尾随而至。当哈沙勒逃到巴曼河时，被紧追而来的科恩等团团围住。谁知即将落网的哈沙勒却异常镇静，待科恩正要上前铐他时，突然，一串子弹从河对岸的树林里射来。机警的科恩就势拉住哈沙勒往地上一滚，牢牢地铐住了他。就在这时，随着一阵凄惨的救命声，一个血肉模糊的人踉踉跄跄地从河岸边的森林里奔出来，

不久便栽到河里去了。科恩见此情景，顿时惊惧起来："是森林怪物在抓人啦。"

科恩和佩克押着哈沙勒小心翼翼地走进森林，他们断定那人一定与制毒基地有关。进入丛林后，他们看见的只有一摊摊殷红的血迹和几支枪械，此外什么也没有了。科恩环顾四周，阴森森的大森林弥漫着一种恐怖气氛。

忽然，一个蓬草状物体从树上落下来，正好罩在科恩的上方。眼疾手快的科恩急忙闪身，但已经来不及了，他的双腿被柔软的绿草包住，并迅速向他的上身扩展。科恩大叫佩克朝他开枪射击。佩克只好对准绿草向科恩的腿部射击，随着几声枪响，蓬

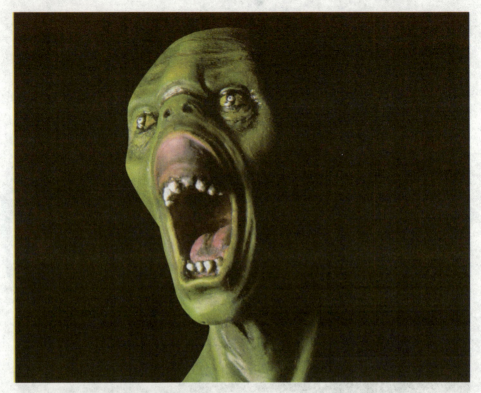

草慢慢卷曲起来，终于掉在地上，变成一个毛茸茸的绿球，飞快从草地上溜走了。

　　哈沙勒趁科恩他们对付绿草的机会，使劲撞倒科恩撒腿就跑。佩克见状紧追不舍。然而就在佩克刚跑出几步，准备生擒逃犯时，哈沙勒却在转瞬间消失了。佩克急中生智，赶紧向前方跑去。猛然间看见一个绿色的毛状大包裹飞快地朝森林滚去。同时，听见哈沙勒在里面惨叫的声音。佩克恍然大悟，是怪物裹挟了哈沙勒，他随即对准绿色大包裹开了两枪，然而那包裹滚动得太快，转眼就不见了踪影。

　　佩克找到科恩，为他脱掉裤子查看受伤的腿部，赫然看到科恩的两条腿全成了炭黑色，在黑色的皮肤上，一个个小红斑点像被针扎过一样。佩克将科恩背出一望无际的大森林，途中恰与一位老猎人不期而遇。老猎人告诉他们，科恩是被绿毛怪咬了，绿毛怪有许多张嘴，它会缠住人死死不放，直到人被憋死。科恩只是受了轻伤，过几天就会康复的。

　　这次事件之后，一支西班牙生物考察队也曾在巴曼河的源头看见一头绿毛怪，它长有一个扁平的脑袋和一对窄长的眼睛，在水里漂浮着，一旦发现了人，在力不付敌时便会立即卷曲成一团，迅速沉入水中逃匿。

对怪物的猜测

　　这支考察队认为，绿毛怪是一种两栖动物，并不是食人动物；另有一些专家认为，绿毛怪可能是动植两类物种，就像冬虫夏草一样；更有人认为它是某种的身上附有的绿色植物保护色。

　　关于绿毛怪的说法众说纷纭，但在没捉到实物之前，这些都仅仅是一些推测。迄今为止，人们尚未捕获到这种浑身毛茸茸的绿色动物，因而也无法揭开绿色怪物之谜。

　　延　伸　阅　读

　　冬虫夏草，是麦角菌科真菌，是寄生在蝙蝠蛾科昆虫幼虫上的子座及幼虫尸体的复合体。冬虫夏草还是一种传统的名贵滋补中药材，有调节免疫系统功能、抗肿瘤、抗疲劳等多种功效。

世界上的神秘海妖们

不明白色物体

1896年底，在圣奥古斯丁海滩，两位正在玩耍的男孩发现了一个巨大的白色生物体。它有6.4米长，2米宽，重达7吨，而且肉体非常有弹性。

当地的医生、动植物学家、摄影师和新闻记者都确认了该生

物体：有头，有眼睛，有嘴，有触须和尾巴。没有一个渔民、海员甚至科学家能够认出它究竟是个什么样的东西。

海妖出没记录

布赖恩·牛顿在《怪物与人》一书中，对德国潜艇在1915年用鱼雷击沉英国汽船"伊比利亚号"进行了生动的描述。

当"伊比利亚号"下沉时，它在水中发生了巨大的爆炸。

德国潜艇指挥官乔治和他的艇员惊异地看到，一个巨大的海怪被炸向空中。这些德国的目击者说，它至少有18米长，而且看上去就像一条巨大的鳄鱼，但它却长有4只带蹼的脚和一条尖尖的尾巴。

李维记述了一个巨大的海怪，它甚至扰乱了战争期间无所畏惧的罗马军团。最后，它被罗马军团的重型管炮和投石器摧毁，这些管炮和投石器被正式保留下来，用以征服围绕城市的筑垒。《自然历史》的作者普林尼曾提到，有一支希腊部队按马其顿国王亚历山大的命令进行探险，他们在波斯湾受到了许多有9米长的海蛇的攻击。

神出鬼没的潜水怪

1934年盛夏，日本一艘采珠船在澳大利亚沿海作业。船长潜水采珠，当船上接到要求上浮的信号后，船员立即拉绳索，可提上来的只是船长的潜水帽和安全带，船长却不翼而飞。到底是什么东西把潜水员拖走了？

幸运地从海底怪兽魔爪中逃生的澳大利亚潜水员叙述了一次可怕的经历。

在日本潜水员失踪的同年夏天，澳大利亚潜水员琼斯来到海域试验新型潜水衣性能。他潜入海底顺着礁石游动。这时，一条4米多长的鲨鱼朝他游来，这位经验丰富的潜水员面对险情沉着地悄悄下潜。

不巧的是，他的身下恰恰是深不可测的大海沟。琼斯担心再往下会因压力大而丧命，于是便站在海沟边上静观鲨鱼的行动。

突然，琼斯感到海水温度急剧下降。他忙低头扫视了一眼海沟便惊呆了，只见一个灰黑色的物体从黑暗的海底深处向上浮来。借助潜水灯的光柱，他发现那是一个从未见过的怪物。这家伙很大，呈扇状，像是一块光滑的大木板，看不见它身体的其他器官。

怪物缓缓上浮，似乎它的整个身体都在轻轻地抖动，没有发

出任何声响。这时，琼斯觉得异常寒冷，可他又不敢移动。他抬头看见那条鲨鱼不知何故也停止不再动了，仿佛被这怪物吓呆了似的。

不一会儿，灰黑色的怪物靠近了鲨鱼，似乎只在鲨鱼身上轻轻地碰了一下，鲨鱼便立即抽搐不停。

随即，鲨鱼便被那怪物莫名其妙地吞食了，一点痕迹也没留下。稍后，怪物又抖动着身躯渐渐沉入海底，海水温度也随着怪物的逐渐下沉恢复正常。他也谢天谢地安全地返回地面。

科学家的猜测

那么，海怪会是什么样的呢？有没有一种全都包括的理论呢？或者，也许我们正在寻找几种适合不同目击情况的特定假设。这第一个最可信的解释就是我们正在注意到来自较早时代所

幸存下的动物，或者我们正在注意到那些幸存下来的动物们的变异后代，它们沿着不同的演变过程进化而来。

这个世界很大，湖泊和大洋很深，足以容纳得下大量人类未曾见过的巨大的和神秘的怪物。如果更加大胆地推断也许会得出这样的可能性，即海怪不仅对我们这些陆地人是陌生的，而且对这个地球也是陌生的。体积这么大的东西需要更大的飞船，要比人类登月球的飞船还要大。当然，体积的大小不会成为星际旅行的最终障碍。

智利百年深海巨怪

2005的夏天，一块巨大的黏滑肉质物体被海水冲上了智利蒙特港附近的海滩。6月24日，人们在马乌林附近的太平洋海岸发现了它。据智利鲸保护中心介绍，这具遗骸长12.4米，重约13吨。为了辨认这一长达12米的凝胶状组织，智利联络了一些欧洲的动物学家进行研究。

经过分析科学家们认为，此物形状与历史记载的1896年在美国佛罗里达州发现的一个奇特生物样本描述相仿，该样本当时被命名为"巨章"，但究竟是何物，仍让动物学家迷惑不解。当时科学家们描述，人们用大队马群拖曳一只长达18米的动物，而用斧子砍它却不见砍痕。

据世界各地报道，这种巨怪时不时地被海水冲上岸来，引起

了人们极大的猜想和臆测。然而，这并不是深海巨怪的首次出现。这神秘的庞然大物所引发的猜测和争议已长达百年之久。这庞然大物到底是什么，还有待于科学家的进一步深入研究。

延 伸 阅 读

　　希腊神话是公认的有关海妖记载的最早文献。早期文献对海妖特点的描述可以简单地概括为：从外形上看，海妖与人类除了下半身的鱼尾外并没有多大的差异，只是海妖的外貌极为美丽。

太平洋日本怪兽尸

日本海怪尸体事件

1977年4月25日，阳光明媚，波光粼粼，日本大洋渔业公司的一艘远洋拖网船"瑞弹丸号"，在新西兰克拉斯特彻奇市以东50多千米的海面上捕鱼。当船员们把沉到海下300米处的网拉上来时，一只意想不到的庞然大物"呼"的一下和网一起被拉了上来。网里是一具从来没有见过的怪兽的尸体。

尽管已经开始腐烂，但整个躯体却保存得很完整，可以清楚地看到它有一个长长的脖子，小小的脑袋，很大很大的肚子，发现时腹部已空，五脏俱无，而且长着4个很大的鳍。用卷尺测定的

结果表明，怪兽身长大约10米，颈长约1.5米，尾部长约2米，重量约2吨，估计已死去一个月。而事后经研究分析，认为该怪兽已死半年至一年之久。

人们对海怪的猜测

这只怪兽尸既不是鱼类的，也不像是海龟的，在海上捕鱼多年的船员谁也不认识它。大家发出了惊奇的议论："这和尼斯湖里的蛇颈龙不是一样吗？""是尼斯湖的怪兽吧？"

闻讯赶来的船长，见大家在欣赏一具腐臭的怪物，大发雷霆，他担心自己船舱里的鱼受到损失，命令船员们立即把它丢到海里去。幸好，随船有位矢野道彦先生，觉得这个发现不寻常，在怪兽被抛下大海之前，拍摄了几张照片并做了相关记录。

消息传到日本，顿时轰动全国，尤其是动物学家、古生物学家们更是兴奋，他们看了照片进行了分析。有的认为这不像是鱼类，一定是非常珍贵的动物；有的认为这是20世纪最大的发现，简直是活着的蛇颈龙。

生物学家的谴责

消息也立刻传遍了全世界，各国报刊都很快转载了照片，发了消息。这件事引起各国著名生物学家极大的兴趣和关注，他们都对此发表了感想和谈话。

把怪兽尸体又抛回大海这件事，引发了人们深深地遗憾和强烈地谴责。尤其是日本的一些生物学家，对此举简直气愤得怒发冲冠，他们指责船长无知、愚蠢。日本生物学权威鹿间时夫教授说："怎么也不该扔掉，看来日本的教育太差了，才会发生这样的事。为了两亿日元的商品，竟然把国宝扔掉，简直是国际上的大笑话。"

尽管大洋渔业公司立刻命令在新西兰海域的所有渔船奔赴现场，重新捕捞怪兽尸体，甚至包括前苏联和美国在内的一些国家的船只，也闻讯赶往现场进行捕捞。

但由于与丢弃怪物之日已相隔3个月了，虽然他们想尽了各种办法去寻找它，然而在茫茫的大海里，谁也没能再把它打捞上来。人类可能认识一种新动物的最好机会，就这样遗憾地错过了。

怪物到底是什么

怪物究竟是什么，主要有两种观点：一是古代蛇颈龙说；二是近代的大鲨鱼说。

赞成鲨鱼说的根据是日本东京水产大学对怪兽的鳍须进行了蛋白质的分析，发现它的成分酷似鲨鱼鳍须。英、美等国一些生物学家也赞同这个观点。

英国伦敦自然博物馆的奥韦思·惠勒认为，这个怪物可能是鲨鱼，因为以前世界各地在海滨附近曾发现许多奇特动物，结果都是鲨鱼。鲨鱼是一种软骨鱼类，没有硬骨骼，当它死后逐渐腐烂时，头部和鳃部首先从躯体脱离，这样就呈现出附于躯体前端的一个细长的"脖子"，尖端像小小的头，惠勒的论述使不少人信服。

但持蛇颈龙说的人认为：第一，鲨鱼的肉是白的，姥鲛的肉是粉红色的，而怪兽是赤红色；第二，鲨鱼没有排尿器官，体内积有特殊的尿臭味，凡是有经验的渔民都能闻出来。但当时捕到怪兽尸体的船员却无人闻到这种尿臭味；第三，如果是鲨鱼，那么具有软骨骼的鲨鱼死后半年多，是很难用起重机吊起来的。因为尸体开始腐烂时，软骨也会随之变化，尸体的软骨架无论如何是承受不了约两吨的身体重量的。

此外，鲨鱼只在肝脏里有脂肪，而怪兽有较厚的脂肪层，包裹着全身的肌肉。还有一个重要的论据，即怪兽的头部呈三角形，这是爬行动物独具的特点。

人们把怪兽的骨骼草图与蛇颈龙的化石骨骼作了比较，无论

就整个骨架结构，还是就局部的鳍、尾、颈来看，都有惊人的相似之处。

应该强调的是怪兽骨骼草图是根据矢野道彦的目测和推测画的，并不完全准确，但其结构与短颈蛇颈龙如此相像，不得不说这种蛇颈龙说是有一定根据的。

太平洋上的怪尸到底是什么呢？人们正翘首以待，希望有一天会再现怪兽的踪影，揭开这个世纪大谜。

延 伸 阅 读

日本池田湖水怪：1978年，有人在日本一个叫池田湖的火口湖里，拍到了该水怪的照片。1991年又有一游客捕捉到了它的影像片段，录像中水怪模样奇特，体长约10米。